LE CREUSET

ル・クルーゼでご飯を炊く

鑄鐵鍋飯料理

拌飯、蓋飯、炒飯、炊飯、蒸飯、壽司　60道幸福米飯食譜

用鑄鐵鍋炊煮香Q、無焦味的幸福鍋飯

「洗米、浸泡、火候」一次到位！

坂田阿希子
野口真紀
小堀紀代美
監修

LE CREUSET
鑄鐵鍋飯料理

拌飯、蓋飯、炒飯、炊飯、蒸飯、壽司　60道幸福米飯食譜

坂田阿希子
野口真紀
小堀紀代美
監修

用LE CREUSET燉出米飯最純真的幸福味道。

每天用餐時，餐桌上一定會出現米飯。雖然用電子鍋烹煮非常方便，只需按下一個按鈕就能完成。不過，會不會也想用鑄鐵鍋煮看看呢？嘗試以後你會發現，米飯不僅變得比以往更好吃，做法也非常簡單。

一直以來，熱愛用鑄鐵鍋炊飯的人，其中最受歡迎的鍋具就屬來自法國的琺瑯鑄鐵鍋LE CREUSET。也許會有很多人覺得「說到煮飯用的鍋子，還是傳統砂鍋最好用了吧？」。不過其實有很多深愛米飯料理的料理家，他們在家炊飯時，都是使用LE CREUSET。為了隨時煮出好吃的米飯，將LE CREUSET擺在廚房最容易拿取的位置。

他們以「最好吃的米飯」為目標不停尋找，最後找到的是兼具美觀與實用性的LE CREUSET鑄鐵鍋。本書邀請三位熱愛米食的料理研究家，為您推薦保證好吃的鑄鐵鍋米飯食譜。

從家常菜到節慶佳餚，你一定能從饒富變化的米飯食譜當中找到自己喜愛的菜色。從LE CREUSET找到熟悉中的美好滋味，讓「煮飯」這件事變得更有趣。

第1章 盡情享受用鑄鐵鍋煮飯的樂趣

第2章 每日家常飯食

第3章 為特殊日子的準備的獎勵飯

本書使用指南

- 米的分量1杯為180ml。米飯的分量2杯為4人份。
- 1小匙為5ml，1大匙為15ml，水1杯為200ml。
- 若食譜中沒有特別說明蔬菜和蕈菇類的處理方式，請先完成「清洗、剝皮」、「切除蕈菇根部、摘除雜質」之後再開始依步驟製作。

用鑄鐵鍋煮出香甜、無焦味米飯的祕密

釋放出米飯的甘甜，粒粒晶瑩剔透

熱傳導性優良的LE CREUSET，能在開始到煮沸的這段期間引導出米飯的鮮甜並讓它膨脹。由於用小火也能維持高溫，才能夠順利煮出Q彈具有光澤的米飯。

食材完全均勻受熱

用電子鍋做蒸飯時，要是材料放太多，很容易出現米芯還沒有煮熟的成品。如果使用LE CREUSET鑄鐵鍋，因為具備穩定的導熱能力，即使放很多食材一起蒸煮也能充分受熱，展現調理後應有的佳餚風味。

與調味料一起燉煮，也不易燒焦沾黏

廚房新手使用鑄鐵鍋煮飯時常常燒焦。不過因為LE CREUSET的鍋具內側皆鍍上琺瑯，所以加入醬油等容易燒焦黏鍋的調味料一起燉煮也不易出差錯。

端出整鍋米飯，為餐桌妝點華麗氣氛

繽紛的色彩、美麗的設計與餐點搭配成一幅畫。讓三餐炊煮米飯成為一種樂趣。由於保溫的能力非常好，能讓大家在用餐時刻享用到熱騰騰的餐點。

可選擇多種加熱方式料理

可使用於瓦斯爐、也可使用在電能爐具、IH爐、烤箱等器具。除了微波爐之外，幾乎所有的爐具都能使用。（若欲使用在IH爐時，需事先確認適用的鍋底直徑，並選用小於800W的爐具）

經科學證實的豐美甘甜與鮮味

詢問喜愛使用LE CREUSET煮飯的人，「因為比用電子鍋煮出來的飯好吃」、「雖然也試過其他鍋具，總覺得鑄鐵鍋煮出來的米飯最香甜」以味道取勝的意見是他們喜愛LE CREUSET的原因。

因此LE CREUSET公司進行了實驗，使用電子鍋和不鏽鋼鍋等進行烹調，並比較其味道上的差異。而實驗的結果，使用LE CREUSET烹煮的米飯在甜度和鮮味的數據表現都優於其他鍋具。經過進一步分析，我們在LE CREUSET鍋具的構造裡找到了美味的秘密。

這個秘密就是鍋子本身具備優良熱傳導性與保溫能力，以及在厚重鍋蓋的蓋緣設計的少許凸起。因此，蓋上鍋蓋烹煮即可緩慢且均勻地提升鍋內溫度，使鍋裡常保適合讓白米對流及糊化的溫度與水分。另外，鍋蓋的邊緣能巧妙的調控水蒸氣，讓煮熟的米粒顯得蓬鬆。優異的保溫能力更在蒸煮時，發揮絕佳的悶煮效果，使米粒飽滿剔透。

使用 LE CREUSET 炊煮米飯的五味數據

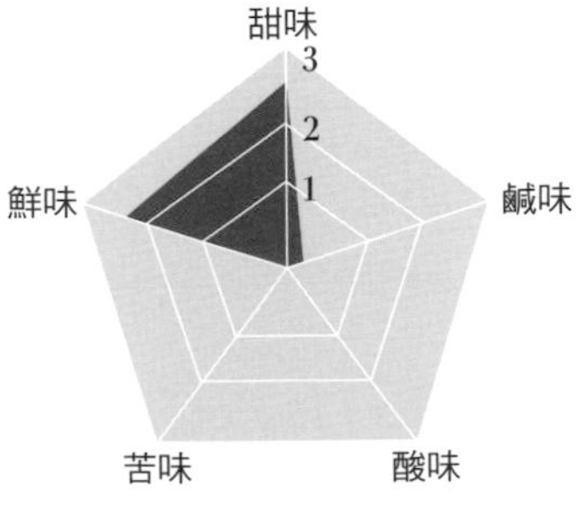

＊由Le Creuset Japon KK.進行調查。

好吃米飯八關鍵，鑄鐵鍋基本炊煮法

介紹如何使用LE CREUSET鍋具煮出令人垂涎的米飯。請參考此基本炊煮步驟，製作本書的鑄鐵鍋飯食譜。

白米

為各位示範煮出美味白米飯的秘訣。請先按照此方法炊煮，之後再依照個人喜好調整水量和浸泡時間。

材料

米…2杯（360ml）
水…2杯

1

米放入碗中，加水並快速攪拌，再立刻倒掉污水。這是為了避免白米在第一次加水時快速吸收水分附著到米糠臭味，所以一定要趕快倒掉。

2

再次加水輕柔地清洗，小心不要讓白米碎裂。接著重複換水清洗，直到水變清澈。

3

將米倒進鍋裡，加水完全覆蓋後浸泡20分鐘（喜歡軟爛的口感可以泡久一點）。

4

架起濾網過濾以防止白米流失。將濾網斜放並靜置在稍小的碗，就可以把水過濾乾淨。

5

將米和準備好的水倒進鍋內，蓋上鍋蓋後開中火。最理想的火力是火焰在鍋底正中心。大火會對鍋具造成傷害，請避免使用。

6

待煮沸後轉成小火，繼續炊煮10～13分鐘。如果沒辦法判斷是否已經煮沸，可以掀蓋開小縫看一下。

7

關掉爐火後，不掀鍋蓋繼續燜10～15分鐘。由於鍋蓋呈拱形圓弧狀，能幫助蒸氣循環、提高使用效率。在燜煮的同時水分也會回到米飯，讓米粒膨脹口感更鬆軟。

8

由鍋底開始輕柔地翻攪米飯，要小心不要攪碎米粒。一邊讓多餘的水分揮發，一邊讓空氣進入飯粒之間。

讓米飯更美味的小撇步

用木製飯桶盛裝

由於木桶有調整米飯含水量的功能，因此建議將吃不完的米飯移到木桶保存。即使冷飯也不失美味。

以蒸氣重新加熱

想要長期保存的話，可以等米飯冷卻後用保鮮膜輕輕包住（保持米飯鬆軟），再放進冷凍庫。重新加熱時，只拿掉保鮮膜蒸熱，就可以吃到水分適中、如同剛煮好般的美味。

鍋具尺寸與飯量標準

白米和水的比例為1杯米（180ml）：1杯水（200ml）。適合使用16cm的鑄鐵圓鍋炊煮。

各尺寸鑄鐵圓鍋的適用分量表

尺寸	米的分量	水的分量
16cm	1杯（180ml）	1杯（200ml）
18cm	2杯（360ml）	2杯（400ml）
20cm	3杯（540ml）	3杯（600ml）
22cm	4杯（720ml）	4杯（800ml）

糙米

就算是很難煮到鬆軟的糙米，只要用LE CREUSET就能煮得恰到好處。因為糙米很適合和油脂一起烹調，非常推薦大家做成油炸飯糰享用。

糙米飯

材料（4人份）
米…2杯（360ml）
水…2杯

作法
1 以水清洗2～3次，洗淨表面的髒污。清洗完畢後加入大量的水浸泡超過1小時。
2 將糙米濾乾水分後再倒進鍋子裡。加入2杯水，蓋上鍋蓋以中火烹煮。
3 煮沸後轉成小火續煮20～25分鐘。熄火後繼續燜15分鐘。輕柔地攪拌讓空氣進到米粒之間。

由於糙米表面有堅硬的糠層，水分不易浸透。如果浸泡時間沒有超過1小時，口感會顯得過於乾硬。浸泡的理想時間是5小時以上，最多9小時。

炊煮水量為白米的1.4～1.5倍，炊煮和燜蒸也需要較長的時間。烹煮完成時，若表面出現一個個的「螃蟹洞」代表成品非常美味。

關於糙米兩三事

糙米帶有糠層，是白米的前身。外表呈棕色。營養價值較白米高，具有嚼勁。如果喜歡較軟的口感，可以在一開始以較弱的中火炊煮，待煮沸後轉小火煮20～30分鐘。

糙米飯料理

梅香飯糰浸高湯

包進酸梅的糙米飯糰，經過油炸後變得酥脆並散發出香氣。澆淋高湯搗碎食用，是只有品嚐糙米時才能享受到的樂趣。

材料
糙米飯…2人份
日式酸梅…2粒
A 高湯…2杯
鹽…1小匙
醬油…少許
鴨兒芹、薑泥…適量
炸油…適量

作法
1 將1粒酸梅放進一人份的糙米飯中，接著捏成圓形。
2 鍋裡的油加熱後，將飯糰放入油炸至呈現金黃色時撈起。
3 將A倒進小鍋加熱，再放入飯糰，以鴨兒芹與薑泥裝飾即可享用。

使用道具
鑄鐵圓鍋 18cm

雜糧米

雜糧米因為取得方便、健康養生，
完成後會呈現豔麗的豆沙色。
即使放涼口感也不會改變，
很適合帶便當。

雜糧飯

材料（4人份）

米…2杯（360ml）
混合雜糧…30g
水…2杯

作法

1. 清洗及浸泡方式請參考第8頁的步驟1～4。接著將米與水放入鍋中，再加入混合雜糧並攪拌均勻。
2. 蓋上鍋蓋後開中火，煮沸後轉成小火煮10～13分鐘。熄火後燜10～15分鐘。再輕柔地攪拌使空氣進入到米飯。

雖然混合雜糧也可以和白米一起浸泡，但是因為有些雜糧的顆粒很細小，可能會穿過濾網。因此混合雜糧清洗後在炊煮前加入就可以了。

關於混合雜糧兩三事

一般皆為混合紫米、小米、黃黍等數種穀類，採個別包裝的市售產品。只需要和白米混合後就可以炊煮，同時享受顆粒和軟Q的雙重口感。

雜糧飯料理

烤番茄煎蛋雜糧飯

只要使用早餐常用的食材和一點巧思就能創造出不一樣的美味。烤過的番茄散發出迷人香氣，和雜糧米是絕配。

材料（2人份）

雜糧飯…2人份
番茄切片（1cm厚）…2片
雞蛋…2顆
培根…4片
鹽…適量
醬油…適量
橄欖油…1大匙
芝麻菜…適量

使用道具
鑄鐵圓鍋 18cm
瓷器圓盤 23cm
楓木飯杓

作法

1. 鍋裡倒入油並均勻佈滿鍋面，以稍強的中火加熱。將番茄的兩面煎香，撒上鹽後起鍋。
2. 以廚房紙巾快速拭淨鍋底，再倒進橄欖油並使其均勻佈滿鍋面，開中火。接著放入培根煎至兩面焦脆後起鍋。
3. 用廚房紙巾快速清潔鍋底，倒入橄欖油並以中火加熱，打蛋進鍋。兩面均煎到半熟左右後淋上醬油。
4. 將已完成的米飯盛裝在容器，並以芝麻葉裝飾，並依序將1、2、3擺盤。最後依喜好添加醬油、粗粒黑胡椒調味。

煮出美味拌飯、菜飯的祕訣

這裡收集了如何把本書所介紹的拌飯和菜飯，做得更好吃的訣竅。

拌飯的訣竅

食材要和「熱飯」一起攪拌

剛煮好的米飯會在攪拌時吸收食材的湯汁。如果要使用非現做的米飯，一定要先重新加熱後再使用。

加入原有的湯汁和油脂

如果食材已經有湯汁和油脂，直接將它們一起倒進去攪拌也無妨。只要在剛起鍋的LE CREUSET裡攪拌的話，鍋子的餘溫會蒸發多餘水分，讓米飯不會濕搭搭。

↓P17西西里風秋刀魚拌飯、P55起司火腿拌飯等

俐落均勻地「切拌」米飯

在切拌米飯的同時需小心保持飯粒完整。並且俐落均勻的攪拌，以免味道不均。

菜飯的訣竅

先用淨水浸泡後，再加入高湯和調味料

清澈淨水最容易讓米粒吸收。不管之後是不是要添加高湯和調味料炊蒸，都不能省略「浸米」這道手續。

加入調味料後「拌一拌」

當遇到要把調味料倒進鍋裡的步驟時，就需要快速攪拌鍋裡的液體。這道手續可以幫助味道分佈均勻。

↓P49蘿蔔蒸飯等

食材要「放在生米上」炊煮

若是把食材和米混合後再蒸炊，容易因為加熱不均，造成米沒有完全熟透等失敗情況。所以食材和調味料攪拌過後就可以放到生米上。即使食材重疊擺放也沒關係。

↓P30義式章魚炊飯、P38海瓜子豌豆炊飯等

有些食材要入鍋「燜熟」

有些食材經過久煮會變色。只有鑄鐵鍋才能靈活地把預煮過的食材在「燜」的階段入鍋調理。↓P28蠶豆炊飯

第1章

盡情享受用鑄鐵鍋煮飯的樂趣

為了呈現用鑄鐵鍋炊煮出鬆軟美味的講究食譜，我們請教「超級熱愛米飯」的坂田阿希子女士設計了燴飯、拌飯、炒飯、炊飯等多種烹調方式的食譜，選擇性豐富多變。不管哪一道都是百吃不膩的好滋味。

LE CREUSET

〖攪拌〗

西西里風秋刀魚拌飯

說到義式麵食又充滿西西里風情的菜餚，就一定會讓人聯想到沙丁魚、松子、葡萄乾。這道料理就是結合了這樣的食材和用LE CREUSET鑄鐵鍋炊煮的米飯，並融合了日式佐料的作品。利用續隨子的酸味畫龍點睛。或是加入現擠的醋橘或檸檬汁也很好吃！

材料（4人份）

白飯…2杯（360ml）
秋刀魚…2條
大蒜（切末）…1瓣
松子…2大匙
青蔥（切末）…8根
蘘荷（切片）…3個
無子白葡萄乾…3大匙
續隨子（酸豆）…1大匙
A─醬油、鹽…各1小匙
粗粒黑胡椒…少許
檸檬…適量
橄欖油…2大匙

作法

1 除去秋刀魚的頭及內臟以後切塊，撒上少許鹽、胡椒（可省略）。在平底鍋倒入1.5匙橄欖油，以中火燒熱。放入秋刀魚，將外表煎至金黃色後起鍋。松子以烤箱烘烤出香氣。

2 以廚房紙巾迅速輕拭平底鍋，加入橄欖油1.5大匙和蒜末以小火煸香。待出現香氣後放入秋刀魚以中火煎炒。接著再加入續隨子、葡萄乾及調味料A拌炒。

3 將步驟2放在煮好的米飯上，並撒上松子。接著用鹽、胡椒（可省略）調整味道，並均勻撒上蔥末和洗好瀝乾的蘘荷。然後取秋刀魚肉弄碎，和其他食材與米飯拌均後盛至器皿，撒上黑胡椒和擺放檸檬後完成。

使用道具
鑄鐵圓鍋 25cm
TNS 單柄煎鍋24cm
瓷器圓盤19cm

仔細地油煎秋刀魚可以去除魚腥味，增添香氣。

培根酪梨拌飯

是一道可以同時品嚐柔軟的酪梨和酥脆的培根，雙重口感的拌飯。把酪梨壓碎後食用可以感受到香滑的滋味。適合搭配漢堡排或是鹽烤魚，還有其他各式各樣的主餐菜餚。淋上少許醬油也非常美味。

材料（3～4人份）

白飯…2杯（360ml）
酪梨…1個
培根（塊狀）…100公克
橄欖油…2大匙
鹽…1小匙
粗粒黑胡椒…適量

作法

1 酪梨切3cm大丁，培根切1cm小丁備用。

2 不需加油，將培根放進鍋中以小火煎，待逼出油脂後轉成中火。煎至酥脆後起鍋濾油。

3 用廚房紙巾迅速擦拭平底鍋，加入1大匙橄欖油，再用稍強的中火迅速替酪梨上色。完成以後撒上少許鹽（可省略）備用。

4 把培根和酪梨放入煮好的飯中，並繞圈淋上1大匙橄欖油。接著加鹽並切拌均勻，撒上黑胡椒後即完成。

使用道具

鑄鐵圓鍋 25cm
TNS 單柄煎鍋24cm
瓷器圓盤 19cm

魚乾蔥薑拌飯

將清淡的魚乾搭配鮮甜滋味的醃菜、爽脆的蔥薑，立刻就成了宴客美饌。如果使用LE CREUSET，就能把食材放進鑄鐵鍋煮好的飯，整鍋端上桌。醃菜也可以用茄子或黃蘿蔔乾等代替。

材料（3～4人份）

白飯…2杯（360ml）
竹莢魚乾…2片
檸檬汁…2大匙
醬油…2小匙
熟白芝麻…2大匙
米糠醃小黃瓜…1根
生薑（切細絲）…1小塊
青蔥（切末）…5根
蘘荷（切片）…2顆

作法

1. 用烤箱把竹莢魚的兩面炙烤到金黃色後，除去魚皮和魚骨，搗碎魚肉。接著倒入碗中，加入1大匙檸檬汁和醬油後攪拌。米糠醃菜對剖後切片。
2. 在煮好的飯裡加入剩餘的檸檬汁、芝麻、和步驟1之後攪拌均勻。
3. 均勻撒上蔥、薑、洗好瀝乾的蘘荷後完成。

使用道具
鑄鐵圓鍋 20cm

≡澆蓋≡

民族風豆腐蓋飯

在炒著豆腐的平底鍋裡一口氣加進酸甜香菜醬拌炒。瞬間擴散開來的醋香讓人食指大動，多吃好幾碗飯。記得要除去豆腐多餘的水分，才能吸飽湯汁。

材料（2～3人份）

白飯…2～3碗
板豆腐…1塊（約350g）
豬絞肉…100g
四季豆…5根
香菇…4朵
大蒜（切末）…1瓣
麻油…1大匙

〈**香菜醬汁**〉
香菜（切末）…1束
醬油…2大匙
米醋…1大匙
砂糖…1／2小匙
鹽…1／3小匙
沙拉油…1大匙
魚露…1／2小匙

作法

1. 用廚房紙巾包住豆腐後壓上重物，放置一段時間等待豆腐出水。四季豆和香菇切小丁。並把香菜醬汁的材料充分攪拌。
2. 麻油倒入平底鍋後開中火加熱，並放入大蒜煸炒。待出現香氣後加入香菇、四季豆拌炒。接著加入豬絞肉炒至變色，並把豆腐攪碎一起入鍋。仔細翻炒稍微收乾湯汁，然後倒入香菜醬汁迅速翻炒。
3. 將煮好的白飯盛至器皿，淋上步驟2。再依照個人喜好添加香菜葉。

使用道具
鑄鐵圓鍋 20cm
TNS 單柄煎鍋 24cm
瓷器飯碗 15cm
楓木飯杓

咖哩肉醬飯

添加了優格的印度風味咖哩肉醬飯。另外加入大量的青辣椒、糯米椒、豌豆等綠色蔬菜，嚐得到新鮮風味。是一道和粒粒分明的雜糧米很對味的咖哩飯。

材料（4～5人份）

雜糧飯…4～5碗
豬絞肉…500g

A
洋蔥…2顆
大蒜…2瓣
薑…1小塊
青辣椒…3～5根（依照辣度調整）
糯米椒…10根

豌豆（去除豆莢）…200g
番茄糊…3大匙
無糖優格…4大匙
月桂葉…1片

B
薑黃、辣椒粉、孜然籽…各1／2小匙
咖哩粉…1大匙

鹽…2小匙
粗粒黑胡椒…1／4小匙
水…1杯
沙拉油…1／4杯
香菜（切末）…1束
檸檬…適量

作法

1. 將備料A倒入食物調理機混合。接著把檸檬切成2mm厚的圓片，並分做4等分。
2. 沙拉油倒入鍋中，開中火加熱。加入備料A和月桂葉拌炒5分鐘收汁，放入絞肉拌炒。
3. 加入番茄糊，以小火烹煮5分鐘。放入調味料B翻炒，並加入無糖優格、鹽、黑胡椒、準備好的水、豌豆及香菜後蓋上鍋蓋燜燒20分鐘。
4. 將煮好的白飯盛盤，淋上步驟3，並依個人喜好撒上香菜（可省略）添以檸檬裝飾。

使用道具
鑄鐵圓鍋 20cm
瓷器圓盤 23cm

中式番茄蛋蓋飯

在家也能做出中式餐館的熟悉菜餚！加入砂糖可以中和番茄的酸味，讓口感圓潤，更顯美味。一起細細品嚐沾滿番茄美味湯汁的米飯吧！

材料（2人份）

白飯…2碗
番茄…2顆
豬絞肉…100g
大蒜…1瓣
雞蛋…2顆
鹽…1／2小匙
砂糖…1小撮
沙拉油…2大匙
麻油…少許
香菜葉…適量

作法

1. 番茄滾刀塊後再對半橫切。用刀面拍蒜並切薄片。雞蛋打進碗裡後攪散。
2. 平底鍋倒入1大匙沙拉油，開中火燒熱，放入蛋液並迅速攪拌，呈現半熟稍微結塊後盛出。
3. 用廚房紙巾迅速擦拭鍋底，加入沙拉油1大匙和大蒜後開中火。待出現香氣以後加入番茄，以稍強中火翻炒直到番茄出水，接著撒上鹽、砂糖。
4. 將蛋放入鍋中迅速混合，繞圈淋上麻油後盛到白飯上，擺放香菜葉裝飾後完成。

使用道具
鑄鐵圓鍋 20cm
瓷器韓式飯碗

羊肉香蔥蓋飯

羊肉具有溫暖身體的效果，是最適合在寒冷冬天享用的蓋飯。把羊肉醃浸在醃料可去除羊肉獨特的氣味。與白飯十分契合，味道濃郁，留下令人難忘的餘韻。

材料（2人份）

白飯…2碗
羊肉薄片…200g
大蔥…1根
青蔥…2根
A
- 麻油、醬油…各2大匙
- 沙拉油…1大匙
- 鹽…1小匙
- 紅辣椒…1根

烏醋…2大匙

作法

1 大蔥對切，蔥白斜切5mm厚片。在瓷碗混合醃料A，放進羊肉抓揉入味後備用。

2 剩餘的大蔥及蔥先縱向切刀痕後切斜薄片。完成後用水沖洗，並把水分瀝乾。

3 將步驟1放入平底鍋並以稍強的中火拌炒，待肉色改變後均勻淋上烏醋繼續翻炒。

4 將完成的羊肉放到煮好的白飯上，淋上鍋裡的醬汁，放上步驟2後即完成。

使用道具
鑄鐵圓鍋 20cm
瓷器飯碗 15cm

『香炒』

萵苣榨菜蛋炒飯

一道能充分品嚐到榨菜美味的簡樸炒飯。香菇增添了獨特鮮美，讓人想起家裡熟悉的好味道。
因為想要品嚐到萵苣清脆的口感，所以放在最後入鍋。要記得要撕碎了才能煮熟。

材料（2人份）

白飯…2碗
萵苣…1～2片
香菇…2～3朵
榨菜（鹽漬）…40g
大蔥（切末）…1／2根
大蒜（薄片）…1瓣
雞蛋…1個
熟白芝麻…1大匙
鹽…1小匙
胡椒…適量
醬油…少許
沙拉油…2～3大匙
麻油…適量

使用道具
鑄鐵圓鍋 20cm
瓷器深圓盤 20cm

作法

1. 萵苣隨意撕成小塊。香菇切成5mm小丁。榨菜切薄片，泡水30分鐘減少鹹味（調味榨菜可省略此步驟）後切末。雞蛋打進碗裡攪散備用。
2. 在平底鍋加入1大匙沙拉油，以稍強的中火燒熱後迅速拌炒蛋液，待呈現半熟結塊狀後起鍋。
3. 用廚房紙巾迅速擦拭鍋底，加2大匙沙拉油及大蒜後以中火煸香。待出現香味後加大蔥翻炒，並放入香菇、榨菜、用鑄鐵鍋煮好的米飯。再用鹽、胡椒調味，加進醬油後均勻拌炒。
4. 將蛋重新入鍋並打散，加進萵苣迅速翻炒。起鍋前撒上芝麻，均勻淋上麻油即完成。

生薑豬肉蕗蕎炒飯

我是以「生薑豬肉」為藍本創作出這道炒飯。火鍋用的薄豬肉片即使煮再久也能保持軟嫩，非常下飯。然後把洋蔥換成蕗蕎，再添加一點甜醋。隱隱透出的酸味為這道菜增添亮點。

材料（2～3人份）

白飯…4碗
豬里肌肉薄片…200g
A 酒、醬油、味醂…各2大匙
　薑（磨泥）…1大塊
蕗蕎…10～12個（50g）
蕗蕎甜醋…1大匙
蘘荷（切片）…2顆
鹽…適量
沙拉油…2大匙
蔥…1～2根

作法

1 蕗蕎縱切剖半，蔥切斜薄片。在碗裡混合醃料A，將切成適口大小的豬肉放進去醃漬。

2 平底鍋倒入2匙沙拉油，以中火加熱。將豬肉入鍋翻炒，待肉變色後加入蕗蕎快炒。再把醃料倒進鍋中用稍強中火繼續拌炒。

3 加入用鑄鐵鍋煮好的白飯，邊試吃邊加鹽調整味道。接著加進甜醋快炒後盛盤。撒上洗好並吸除多餘水分的蘘荷和蔥裝飾後即可。

使用道具
鑄鐵圓鍋 20cm
瓷器深圓盤 20cm

蓮藕牛蒡味噌炒飯

這是一道藉著香煎根莖蔬菜釋放出的甘甜與味噌作結合，展現出濃醇香味的作品。
牛蒡和蓮藕經過敲打更能入味。
味噌誘人的香氣，和在口中發出細細咀嚼聲的糙米飯是最佳拍檔。

材料（3～4人份）

糙米飯…4碗
豬五花肉薄片…150g
蓮藕…1／2根
牛蒡…1／2根
香菇…3朵
茼蒿…3棵
大蒜（薄片）…1瓣
A ─ 酒、味噌…各1大匙
醬油…1小匙
砂糖…少許
麻油…2大匙
粗粒黑胡椒…適量

作法

1. 蓮藕連皮仔細洗淨後切小丁。牛蒡清洗乾淨後切2～3mm厚的斜片，香菇切4等分。茼蒿切成適口大小，莖切小丁。豬肉薄片切2～3mm寬備用。
2. 沙拉油和大蒜一起入平底鍋，開中火煸香。待出現香味後放進豬肉拌炒。豬肉變色後加入牛蒡、蓮藕，蓮藕炒至金黃色後加入茼蒿莖和香菇翻炒。
3. 倒入調味料A，並接著加入煮好的鑄鐵鍋飯。放茼蒿葉入鍋後快炒拌勻，盛至器皿後撒上黑胡椒即可。

完成食材的調味後再添加飯，可以避免味道不均勻。另外，由於剛煮好的飯不易拌炒，可以先移到備料鐵盤內讓水分蒸發。這樣就可以炒出美味的炒飯了。

使用道具
鑄鐵圓鍋 20cm
TNS 單柄煎鍋 22cm
瓷器深圓盤 20cm
楓木木鏟

＝炊煮＝

蠶豆炊飯

迅速的汆燙蠶豆並剝去薄皮，等到要燜飯的時候一口氣加入。剛燙好時雖然會有點硬度，不過在燜蒸時會慢慢變軟，並保持原本翠綠的顏色。混合攪拌時動作要輕柔，千萬別把蠶豆攪碎囉！

材料（4人份）

白米…2杯（360ml）
蠶豆（含豆莢）…400g
A 酒…1大匙
　鹽…2／3小匙
　薄鹽醬油…少許
　水…2杯

作法

1. 白米洗淨後入鍋，加足夠的水浸泡約20分鐘。將水濾乾後倒回鍋內，將調味料A調整到滿2杯的分量後入鍋，迅速混合均勻。
2. 從豆莢內取出蠶豆，煮約2分鐘後起鍋除去薄皮。接著蓋上鍋蓋以中火加熱，煮沸後轉小火續煮10～13分鐘後關火加入蠶豆燜10～15分鐘。接著切拌均勻，盛至器皿後即可。

使用道具

鑄鐵圓鍋 20cm
楓木隔熱墊

梅子魩仔魚炊飯

放了整顆日式酸梅一起烹煮，可以留住從種籽釋放出來的汁液，讓米飯更美味。添加魩仔魚能讓成品無比鮮美。不管搭配什麼配菜都覺得美味的無敵蒸飯。我個人喜歡撒上海苔絲一起享用。

材料（4人份）

白飯…2杯（360ml）
日式酸梅…1個（大顆）
魩仔魚（煮熟的）…100g
A 酒…1大匙
鹽…少許
水…2杯稍少

作法

1. 白米洗淨後入鍋，加足夠的水浸泡約20分鐘。將水濾乾後倒回鍋內，將調味料A調整到滿2杯的分量後入鍋，迅速混合均勻。
2. 放上整顆酸梅後蓋上鍋蓋，以中火加熱。煮沸後轉小火繼續煮10～13分鐘，接著關火燜10～15分鐘。
3. 取出酸梅的籽，加入魩仔魚切拌均勻。也可以依個人口味撒上海苔絲享用。

使用道具
鑄鐵圓鍋 18cm
瓷器韓式飯碗

義式章魚炊飯

把水煮章魚和具有深醇香氣的黑橄欖一起炊煮，並淋上新鮮檸檬汁的爽口香料飯。使用雜糧米更添增了口感。如果使用的是新鮮章魚，要記得用鹽來調整味道喔。

材料（4人份）

白米…2杯（360ml）
混合雜糧…1包（30g）
水煮章魚…250g
洋蔥…1／2顆
西洋芹…1根
黑橄欖（對切）…8顆
大蒜（拍散）…1瓣
水…2杯
鹽…1小匙
橄欖油…2大匙
檸檬…1／2顆

使用道具
鑄鐵圓鍋 20cm

作法

1 白米和混合雜糧洗淨後入鍋，加足夠的水浸泡約20分鐘。

2 章魚切成一口大小。洋蔥切末。芹菜莖切斜薄片，葉子切適口大小。檸檬切成2cm厚的圓片後分成4等分。

3 橄欖油入鍋後以中火加熱，加入大蒜煸炒。待出現香氣後把洋蔥末倒入鍋裡炒軟。

4 將芹菜莖入鍋快炒，再加入洗淨的米拌炒，直到米出現透亮感後關火。加入水和鹽迅速攪拌，均勻鋪上章魚和橄欖，蓋上鍋蓋以中火燜煮。煮沸後轉小火煮10分鐘，然後熄火燜5～6分鐘。

5 均勻撒上芹菜葉，享用前別忘了擠上檸檬汁並攪拌均勻。

〈蒸煮〉

中式米糕

以麻油煸炒出糯米及肉的醇厚鮮美，等充分入味後再蒸煮的中式風味。另外添加了海鮮與乾貨的浸泡汁液，導引出更豐富的滋味。即使在LE CREUSET的蒸籠放入大量的食材，也能讓食材充分受熱。

材料（4～5人份）

糯米…2杯（540ml）
雞腿肉…200g
A－醬油、酒…各1大匙
乾香菇…3朵
乾燥干貝…3顆
紅蘿蔔…1根
大蔥（切末）…1根
銀杏…12顆
醬油…2大匙
B－醬油…2大匙
砂糖…2大匙
酒…1大匙
鹽…1／3小匙
浸泡香菇及干貝的水…各50ml
麻油…3大匙

使用道具
鑄鐵圓鍋 22cm
TNS 單柄煎鍋
不鏽鋼蒸架 22cm
楓木隔熱墊

作法

1 將乾香菇及干貝泡水，冷藏一晚泡發。糯米洗淨，加入足夠的水浸泡1小時，然後用濾網把水濾乾。雞肉切成一口大小，放進醃料A抓勻後靜置備用。

2 紅蘿蔔切成5mm小丁，泡發的香菇擠乾後也切成同樣大小。泡發的干貝也剝散（泡過香菇、干貝的水留下備用）。

3 平底鍋加入1大匙麻油，以中火加熱炒雞肉。待肉色改變以後加進大蔥、銀杏、以及步驟2一起拌炒，然後起鍋。

4 用廚房紙巾迅速擦拭平底鍋，加入2大匙麻油後，開中火炒糯米。待糯米變成透明後放進醬油混合均勻，倒入步驟3攪拌，並接著加進調味料B後充分拌炒。

5 在蒸籠裡鋪上預先沾濕的棉布，將步驟4的食材均勻鋪滿（如果棉布四角有剩不，可以向內蓋放）。將半鍋的水煮沸，蒸氣出現後放上蒸籠，蓋上蓋子以中火蒸30～35分鐘。

芝麻竹筴魚壽司飯

讓竹莢魚吸收柚子汁，再吸附上芝麻粉的細緻手法，使滋味更上一層樓，成就優雅高級的美味。
把調味蔬菜灑在使用了LE CREUSET炊製的白飯製作的壽司飯上，就是派對餐桌上最華麗的一道佳餚。

材料（4人份）

壽司飯…4人份
竹莢魚…4條（大型）
新鮮柚子汁…1大匙
鹽…少許
熟白芝麻…1大匙
醬油、醋…各2小匙
砂糖…1小匙
薑（切細絲）…1小塊
芽蔥…1束
柚子皮（切細絲）…適量
紫蘇花穗…適量

作法

1 竹莢魚分為三片並去皮，排列在調理盤，撒鹽醃30分鐘。用廚房紙巾拭淨出水。將新鮮柚子汁淋到魚片後包上保鮮膜，放進冰箱約30分鐘。使用前再取出切成一口大小的斜片。

2 芝麻入平底鍋炒焙出香氣後，倒進研磨缽裡磨碎。加進醬油、醋、砂糖混合均勻，再加入步驟1迅速拌勻。

3 把步驟2鋪到木桶裡的壽司飯上，再撒上薑、芽蔥（去根）、柚子皮、紫蘇穗花後即可。

使用道具
瓷器圓盤 19cm

壽司飯

材料（4人份）

白米…2杯（360ml）
A 水…2杯
昆布…10cm

〈拌和醋〉
米醋…1/3杯
鹽…1/3小匙
砂糖…1大匙

使用道具
鑄鐵圓鍋 20cm
楓木飯杓

1
白米洗淨入鍋，加水浸泡20分鐘。以濾網濾水後，把米倒回鍋中並放進備料A。蓋上鍋蓋開中火，煮沸後轉小火續煮10～13分鐘，之後關火燜10～15分鐘。並將拌和醋調好備用。

2
飯煮好後取出昆布，把飯盛進木桶或瓷碗。若木桶容易沾黏飯粒，可事先擦上一層醋水。

3
趁熱利用飯勺將拌和醋繞圈均勻倒在米飯上，再以切拌方式拌勻。

4
拌勻後，一邊用扇子搧風去除多餘水氣，一邊攪拌至出現光澤。過度攪拌會破壞飯粒，所以動作要盡量加快。

雞飯

在白飯放上數種食材再澆淋雞醬汁食用，是一道來自日本鹿兒島的傳統菜餚。除了撕成絲狀的雞肉，還搭配了醃漬小菜。我自己喜歡配上甘甜的奈良漬一起吃。瀰漫的酒香帶來些許成熟的滋味。

使用道具
鑄鐵圓鍋 20cm
鑄鐵圓鍋 18cm
瓷器飯碗 15cm

材料（4人份）

白飯…4碗
雞胸肉…2塊
A ─ 大蔥蔥綠、薑…各適量
　　 鹽、酒…各少許
　　 水…3杯
乾香菇…3～4個
B ─ 酒、醬油…各1大匙
　　 砂糖…1小匙
雞蛋…1個
C ─ 味醂…1大匙
　　 醬油…2小匙
　　 鹽…1／3小匙
　　 砂糖…1／2小匙
奈良漬（切絲）…適量＊
鴨兒芹（切成3cm長）…適量

＊「奈良漬」為日本奈良的傳統醃漬物。主要以鹽及酒粕醃漬的白瓜、小黃瓜等。

作法

1. 將A倒入鍋中並開中火，煮沸後關火加入雞肉。接著開小火煮5分鐘後關火。放置30～40分鐘冷卻，取出雞肉撕成絲，並倒入少許湯汁。取出剩餘湯汁中的大蔥和薑，再倒進調味料C製作醬汁。
2. 乾香菇泡水並冷藏一晚。擠乾水分後切絲，和調味料B一起入鍋，開中火熬煮濃縮。
3. 打一個蛋進碗並攪散，撒上少許（可省略）鹽。在平底鍋塗抹一層薄薄的沙拉油（可省略）後開中火，倒進蛋液製作薄蛋皮，完成後再切絲做成蛋皮絲。
4. 將煮好的飯盛進容器，依序放上雞肉、步驟2、步驟3、奈良漬、鴨兒芹，並澆蓋步驟1的醬汁。

煮飯就是要用LE CREUSET

坂田阿希子女士

因為我來自米鄉日本新潟縣，所以非常熱愛白米飯。當拍攝後工作人員試吃我做的菜餚時，即使數量很多、而且是感覺只吃菜都會吃飽的分量，我都會想著「希望大家能夠配著白飯一起吃啊！」，然後急急忙忙地煮飯。在忙碌的時候，能夠迅速炊煮的方便利器就是LE CREUSET。不僅遠遠比電子鍋快上許多，也完全不會失敗。

事實上，有時候白米我會不浸泡就直接炊煮（笑），即使如此成品還是很美味。如果能在製作時先算準爐火的使用時間再炊煮，煮好放一段時間都還能吃到鬆軟溫熱的米飯。以前我也曾經用過砂鍋煮飯，但是保養很麻煩。也讓我對LE CREUSET容易使用這點更為傾心。

紅色的鑄鐵鍋是約20年前收到的禮物。橘色的鍋子是15年前我在「Williams Sonoma」所購買。紅色鑄鐵鍋最常出現在我的日常生活，橘色鍋子經常出現在拍攝工作和我經營的烹飪教室。

常備小菜

向各位介紹非常推薦的下飯小菜，
能把熱呼呼的白飯襯托的更美味的最佳綠葉們。

＊全部都是便於製作的分量。
＊冷藏可保存一星期。

醬燒金針菇

加了醋的清爽口感，很適合豪邁地鋪在飯上。

材料
金針菇…2包　A〔高湯、醬油、醋、酒、味醂…各2大尖匙；砂糖…1／2大匙〕
作法
1 切除金針菇的尾部，對切一半。
2 將調味料A入鍋以中火煮至沸騰，加進步驟1，一邊撈起浮渣一邊煮至變軟。靜置降溫，變冷以後放入容器內保存。

味噌紫蘇

富有層次的口感，香氣四溢的常備菜。

材料
青紫蘇…50～60片　雞絞肉…100g
薑汁…2小匙　酒…3大匙　味噌…2大匙
砂糖…1小匙　醬油…少許　沙拉油…1大匙
作法
1 青紫蘇切粗絲。
2 沙拉油倒進平底鍋，開中火燒熱，一邊分開絞肉使其鬆散一邊入鍋。待肉變色以後，加酒1大匙讓酒精蒸發，再加入步驟1。
3 把剩下的酒、味噌、砂糖混合後加進步驟2，熬煮到湯汁收乾再以醬油調味，並加入薑汁。

番茄炒蘿蔔乾絲

吸飽了番茄汁的蘿蔔乾最好吃。

材料
蘿蔔乾絲…15g　番茄…1個（小）
醬油…1／4小匙　麻油…1大匙
作法
1 沖洗蘿蔔乾。番茄汆燙剝皮後切塊備用。
2 麻油、蘿蔔乾入鍋，開中火拌炒。倒進番茄持續翻炒至軟爛，再倒入醬油充分混合後完成。

青椒炒小黃瓜

非常受店裡員工歡迎的隱藏版美食。

材料
青椒…2個　小黃瓜…1根　薑（磨泥）…1小塊
醬油、砂糖…各1小匙　鹽…少許　沙拉油…1大匙
作法
1 青椒切一口大小。小黃瓜用削皮器在表面削出直條紋路，再放在砧板上撒薄鹽，用雙手施力前後滾動。完成後沖洗乾淨切成一口大小的滾刀塊。
2 沙拉油、醬油入鍋，開小火煸炒（小心不要燒焦）。待出現香氣再加入小黃瓜和鹽拌炒。並提起鍋輕輕旋轉，在讓油分布均勻的同時，加進醬油、砂糖調味，接著加進青椒煮熟即可。

第2章 每日家常飯食

端著煮好飯的LE CREUSET上桌，與家人一同用餐，那是讓人覺得最奢侈而且幸福的時光。不管是挑選當季食材親身感受季節變換，或是在特別日子端出能慰勞大家的佳餚。為此，我們請身為二個孩子母親的野口真紀女士傳授食譜，為平日的三餐增添更多變化。

『春』季節飯食

海瓜子豌豆炊飯

這道菜為了讓米飯吸收到滿滿鮮味，特別加入大量當季的海瓜子，並點綴了富有春天氣息的豌豆。
豌豆用電子鍋煮容易變成白色，
用短時間就能完成的LE CREUSET就能保持原本翠綠的色彩。

材料（4人份）

白米…2杯（360ml）
海瓜子…20～30個
豌豆（生、帶豆莢）…180g
高湯…350ml
A 酒…1大匙
　鹽…1小匙

作法

1 白米洗淨後加足夠的水浸泡20分鐘。接著用濾網將水瀝乾。

2 海瓜子浸泡在與海水鹹度接近的鹽水裡吐沙（約30分鐘），並用殼與殼摩擦，仔細清洗。從豆莢取出豌豆沖洗。

3 把步驟1、高湯、調味料A入鍋並迅速攪拌，接著放海瓜子與豌豆，蓋上鍋蓋開中火炊煮。待煮沸後轉小火續煮10～13分鐘，然後關火燜10～15分鐘。接著切拌拌勻即完成。

海瓜子或豌豆都不用預煮，和米一起下鍋煮就可以了。

使用道具
鑄鐵橢圓鍋 25cm

義式香腸竹筍炊飯

帶有香料飯感覺的竹筍飯有很受孩子們的歡迎。加了切成細末的香料蔬菜，細細煎炒的「soffritto」後，不須使用市售高湯粉就會非常入味。

材料（4人份）

白米…2杯（360ml）
竹筍（水煮）…1／2根（150g）
維也納香腸…6根
甜椒（紅）…1／2個
A 紅蘿蔔…1／2根
　西洋菜…1根
　洋蔥…1／2顆
水…2杯
鹽…1小匙
胡椒…適量
奶油…2大匙
橄欖油…1大匙
洋香菜…適量

製作soffritto時「焦化」是美味的關鍵，要記得用木鏟刮下來一起炒。
＊soffritto是常用於義大利菜的基底醬料。

作法

1. 竹筍較硬的地方切小丁，前端柔軟的部分切扇形。香腸和甜椒切大丁。備料A切末。
2. 製作＊soffritto。開中火，在鍋中加入奶油、備料A拌煮到水分蒸發。一邊刮落沾附在鍋內緣焦化的食材，一邊煎炒直到蔬菜的分量縮減至一半。
3. 把橄欖油和米（洗淨）入鍋迅速攪拌，接著放入竹筍、香腸、甜椒翻炒，撒上鹽和胡椒調味。
4. 加進準備好的水並且攪拌均勻，蓋上鍋蓋開中火。待煮沸以後轉小火繼續煮10分鐘，關火燜10分鐘。然後切拌拌勻，完成時別忘了裝飾洋香菜。

使用道具
鑄鐵燉飯鍋 24cm
楓木木鏟

昆布鯛魚蒸飯

最適合在家庭的重要日子裡出現的大餐，一定要用整條魚來入菜，大量美味的湯汁會從魚骨釋放出來，彷彿是在高級餐廳品嚐到的味道。只有使用鑄鐵鍋才能讓魚身呈現出不同於一般的鬆軟飽滿。

材料（4人份）

白米…2杯（360ml）
鯛魚（清除內臟）…1條
鹽…1小匙
昆布…5X15cm
水…2杯
A—醬油、酒…各1大匙
鴨兒芹…適量

使用道具
鑄鐵橢圓鍋 25cm
瓷器韓式飯碗

作法

1. 白米洗淨入鍋後，加足夠的水浸泡20分鐘。用濾網把水濾乾後入鍋，放入準備好的水和昆布。
2. 鯛魚撒鹽（可省略）醃10分鐘，接著用廚房紙巾把水分吸乾。
3. 把調味料A倒入白米中，攪拌後放上鯛魚，蓋上鍋蓋後用中火炊煮。待煮沸後轉為小火繼續煮10～13分鐘，然後關火燜10～15分鐘。
4. 取出昆布和鯛魚，為鯛魚去骨的同時把魚肉搗碎，完成後倒回鍋內拌勻。盛至器皿，撒上切末的鴨兒芹莖及葉瓣後完成。

昆布和鯛魚一起炊煮，鮮甜加倍。而且經過熬煮的昆布會變得十分柔軟，也可依照個人喜好切成細末後跟飯一起拌著吃。

一般在製作鯛魚飯時，為了去除腥味，會預先以噴槍炙烤表面。不過這次我們選擇用鹽去腥，十分方便。也因此為了徹底除掉腥味，一定要仔細地把鯛魚上的水分擦拭乾淨。

FRANCE

〖夏〗季節飯食
沖繩什錦炊飯

集合了豐富食材，以五花肉煮汁為湯底製作的沖繩家常慶祝料理。軟嫩Q彈的燉肉和黏性十足的白米飯簡直是絕配！只要能聽到家人熱烈的歡呼聲，花多一些心思製作也是值得的！

材料（4人份）

白米…3杯（540ml）
豬五花肉塊…250g
A─醬油、砂糖、酒…各1大匙
乾香菇…3朵
紅蘿蔔…4cm
魚板…5cm
水…1杯
煮肉水…約2杯
B─醬油…2大匙
酒…1大匙
砂糖…1小匙
鹽…1／2小匙

作法

1. 乾香菇泡水冷藏一晚。擠掉多餘水分後，切成5mm小丁。香菇水備用。紅蘿蔔、魚板切成5mm小丁。白米清洗後放進鍋裡，加入足夠的水浸泡20分鐘，之後用濾網把水濾乾。
2. 在鍋子裡加水蓋過豬肉，煮沸將肉渣撈起，蓋上鍋蓋續煮30分鐘。然後把煮肉水倒進碗裡備用。
3. 取出豬肉後，把豬肉切成1cm肉丁並放進平底鍋，倒進調味料A打開中火，熬煮到沒有汁液為止。
4. 接著沖洗、擦乾鍋子，放入白米後再加入由香菇水、煮肉水以及調味料B調和成的3杯分量湯底。並鋪上步驟2、乾香菇、紅蘿蔔、魚板等食材。
5. 蓋上鍋蓋打開中火，待煮沸後轉成小火繼續煮10～13分鐘。然後關火燜10～15分鐘。切拌均勻後盛至容器即可。

使用道具
鑄鐵圓鍋 22cm
楓木飯杓

因為製作過程十分花心思，所以建議一次可以煮多一點。部分等冷卻後用保鮮膜包裹，冷凍保存即可。

因為豬肉事前花了一些時間燉煮，所以變得非常軟嫩。LE CREUSET也是非常適合用來燉肉的鍋具。

鮮甜玉米炊飯

只需要把玉米和白米一起放進鍋炊煮。
爽脆的口感和甘甜形成無法招架的美味，我的家人都非常喜歡。
因為冷凍或罐頭玉米都無法展現這樣的滋味，請務必在玉米盛產的時候試試看。

使用道具
鑄鐵圓鍋 20cm
楓木飯杓

材料（4人份）
白米…2杯（360ml）
玉米…2根
水…2杯
鹽…一小撮

作法

1. 白米洗淨後入鍋，倒進足夠的水浸泡20分鐘。之後用濾網把水濾乾，倒回鍋內並加入準備好的水、鹽後拌勻。
2. 玉米對切成2段，用刀刃沿著玉米芯切取玉米粒。
3. 玉米入鍋，蓋上鍋蓋打開中火。待煮沸後轉為小火繼續煮10〜13分鐘，接著關火燜10〜15分鐘。切拌均勻後盛至容器即可。

玉米粒的分量可以依照喜好調整。使用鑄鐵鍋炊煮，即使放進大量食材也能夠均勻受熱。

夏蔬冷湯泡飯

把充滿著竹筴魚的鮮甜的冷湯澆淋在剛煮好的飯上，一口接著一口地吃著的日本地方菜，非常過癮。藉由夏季蔬菜的口感和香氣，食慾就這麼奇妙地出現了。一碗就能攝取到豐富的營養，最適合在家人因為酷暑食慾不振時享用。

材料（3～4人份）

白飯…3～4碗
竹筴魚乾…2片
小黃瓜…1根
秋葵…5根
小番茄…10顆
蘘荷（切片）…2顆
青紫蘇（切細絲）…5片
熟白芝麻…3大匙
味噌…2～3大匙
高湯…2杯

作法

1. 用烤箱把竹筴魚的兩面炙烤到呈金黃色後，除去魚骨，搗碎魚肉。芝麻倒進平底鍋裡熱烘。
2. 小黃瓜切薄片，抹鹽抓揉（可省略），出水後沖洗並把水擠乾。秋葵放進熱鹽水（可省略）氽燙後切片。小番茄對剖。
3. 用研磨缽磨碎芝麻，然後加進竹筴魚、味噌。接著慢慢地加入高湯，待出現滑順湯底時停止。
4. 把煮好的飯盛裝至器皿，依序放上小黃瓜、秋葵、小番茄、蘘荷、青紫蘇後澆淋步驟3。

使用道具
鑄鐵圓鍋 20cm

『秋』季節飯食

香菇糯小米炊飯

只要透過簡單的調味，搭配經過烘烤引出香氣的香菇，就是令人滿足的美味。加進糯小米可以增添如同糯米般的口感。最後撒上的柚子更襯托出了芳香。

材料（4人份）

白米…1.5杯（270ml）
糯小米…1／2杯
香菇…8朵
海帶…5X5cm
水…2杯
A ┌酒…1大匙
　└鹽…1小匙
現榨柚子汁…適量
柚子皮（切細絲）…適量

作法

1. 米和糯小米洗淨後入鍋，加進足夠的水後浸泡約20分鐘。用濾網把水濾乾，倒回鍋內並加入準備好的水和海帶。
2. 香菇以香菇梗為中心剖半，用烤盤烘烤到出現烤痕。
3. 將調味料A加進步驟1拌勻，鋪上步驟2，蓋上鍋蓋開中火。待煮沸後轉小火續煮10～13分鐘，接著關火燜10～15分鐘。取出海帶後切拌均勻並盛裝至器皿，淋上柚子汁，撒上柚子皮後完成。

烘烤香菇能夠凝聚它的鮮味及香氣。建議使用能烤出明顯烤痕的烤盤比較好。

使用道具
鑄鐵燉飯鍋 20cm
鑄鐵雙耳圓烤盤
楓木飯杓
瓷器韓式飯碗

地瓜松子炊飯

試著在乾乾的地瓜飯裡加入松子後，
地瓜不僅變得濕潤，而且成品的味道十分香甜。
只有食材組合單純的炊飯可以只花點工夫，
美味程度就跟以往完全不同。

材料（4人份）

白米…2杯（360ml）
地瓜…1根
松子…3～4大匙
水…2杯
A 酒…1大匙
　鹽…1小匙

作法

1 白米洗淨後入鍋，倒進足夠的水浸泡約20分鐘。接著用濾網把水濾乾。

2 地瓜連皮切成2cm的丁，沖洗後用濾網把水濾乾。松子放進平底鍋烘烤直到呈現金黃色。

3 將白米、2杯水、調味料A一起入鍋拌勻，接著放進地瓜和松子，蓋上鍋蓋打開中火。待煮沸後轉為小火續煮10～13分鐘，接著關火燜10～15分鐘。切拌均勻後盛裝至器皿中。

使用道具
鑄鐵燉飯鍋 20cm

松子的油脂會包覆在一顆顆的白米。煮出來的米飯不僅Q彈而且味道濃郁。

『冬』季節飯食

蘿蔔蒸飯佐冬蔬味增湯

一邊轉動一邊切成適口大小的白蘿蔔，嚼著嚼著甘甜就在嘴裡擴散開來。因為白蘿蔔在炊煮的同時也會釋放出水分，因此在煮蘿蔔蒸飯時水量要減少一點。搭配料多味美的味噌湯，就是一套暖心菜單。

蘿蔔蒸飯

材料（4人份）

白米…2杯（360ml）
白蘿蔔…10cm
蘿蔔葉…適量
炸豆皮…1個
高湯…1.5杯
A ─ 薄鹽醬油…2大匙
　 ─ 酒…1大匙

作法

1 白米洗淨後入鍋，倒足夠的水浸泡20分鐘。用濾網把水濾乾後，白米倒回鍋中，加入高湯。

2 白蘿蔔切成1cm的丁。炸豆皮迅速汆燙一下去除多餘油脂，切成5mm的丁。

3 將調味料A放到白米中攪拌均勻。再加入炸豆皮和白蘿蔔，蓋上鍋蓋打開中火。待煮沸後轉為小火續煮10～13分鐘，然後關火燜10～15分鐘。切拌均勻後盛裝至器皿中。

4 蘿蔔葉以熱鹽水＊汆燙後切末，擠乾水分後撒在飯上。

＊鹽水的比例，標準為水2L：鹽1小匙。

使用道具
鑄鐵燉飯鍋 22cm
瓷器韓式飯碗

冬蔬味噌湯

材料（4人份）

南瓜…1／6個
洋蔥…1／4個
小松菜…1／2把
竹輪…3根
高湯…4杯
味噌…3大匙

作法

1 南瓜、洋蔥切2cm丁，小松菜切3cm長。竹輪切5mm厚的圓片。

2 將高湯、南瓜、洋蔥、竹輪放入鍋中，打開中火。煮滾後撈掉浮渣，再蓋上鍋蓋調為小火煮至蔬菜變軟為止（約10分鐘）。

3 放入小松菜煮一下，並一邊攪拌味噌，使其溶解在高湯裡。

使用道具
鑄鐵燉飯鍋 22cm

韓式牡蠣炊飯

平常加熱就會縮小的牡蠣，因為使用LE CREUSET，和生米一起烹煮也依然飽滿。生米吸收了從牡蠣釋放出美味的湯汁，比分開炊煮的米飯更好吃。

材料（4人份）

白米…2杯（360ml）
牡蠣…10個
小魚乾高湯…360ml
A 苦椒醬、醬油、酒…各1大匙
　豆瓣醬…1小匙

〈韓式香味醬〉

青蔥（蔥花）…15根
大蒜（磨泥）…少許
黑芝麻粉…1大匙
醬油…2大匙
麻油…1大匙
韓國辣椒（也可用紅辣椒粉）…1小匙

*小魚乾高湯的比例是水360ml：小魚乾10g。

作法

1. 白米洗淨後入鍋，倒進足夠的水浸泡約20分鐘。之後用濾網把水濾乾後，白米倒回鍋中，加入小魚乾高湯。
2. 用鹽水輕輕的清洗牡蠣，再用濾網把水濾乾。
3. 將調味料A加進白米中攪拌均勻。再加入步驟2，蓋上鍋蓋打開中火。待煮沸後轉小火續煮10～13分鐘，然後關火燜10～15分鐘。
4. 把韓式香味醬的材料放進小缽裡混合均勻。接著把步驟3切拌均勻後盛裝至器皿，淋上醬汁即可。

使用道具
鑄鐵燉飯鍋 22cm
瓷器韓式飯碗
瓷器小烤皿

山菜雞肉糯米粽

這是一道使用水煮山菜，並把平時拿來包裹的竹葉換成鋁箔紙，利用蒸籠就可以製作的簡易版粽子。因為冷卻後也不損美味，很適合帶便當或是露營的餐點。

材料（4人份）

糯米…2杯（360ml）
雞腿肉…1小片
洋蔥…1／4個
水煮山菜…1包（180g）
水…1杯
A—醬油、酒…各2大匙
B—醬油…2小匙
　—鹽、砂糖…少許
沙拉油…1大匙

作法

1. 糯米洗淨後，倒足夠的水浸泡超過30分鐘。接著用濾網把水濾乾。
2. 雞肉切成一口大小，洋蔥切末。山菜用濾網把水濾乾。
3. 在鍋中倒進沙拉油，以中火燒熱後炒洋蔥末直到變軟。加進雞肉煎炒，變色後加入山菜繼續拌炒，然後倒進調味料A翻炒調味。
4. 加進糯米、1杯水、調味料B。汁液慢慢煮乾前不要蓋鍋蓋。
5. 將糯米分成8等分後，用大張鋁箔紙包起來，放在蒸籠裡備用。等鍋裡的水煮沸後放上蒸籠，蓋上鍋蓋以中火蒸30分鐘。

使用道具
鑄鐵燉飯鍋 24cm
不鏽鋼蒸架 24cm
瓷器圓盤 19cm

『一鍋煮料理』

明太子炊飯

扇貝蕈菇蒸飯

台灣香腸蒸飯

使用道具
鑄鐵圓鍋 20cm
瓷器韓式飯碗
瓷器圓盤 19cm

台灣香腸蒸飯

扇貝蕈菇蒸飯

明太子炊飯

明太子炊飯

完成後幾乎沒有辣味，小孩也能放心享用。

材料（4人份）

白米…2杯（360ml）
辣明太子…3條
水…2杯
酒…1大匙
熟白芝麻…適量

作法

1. 白米洗淨後入鍋，倒進足夠的水浸泡約20分鐘。
2. 用濾網把水濾乾，放入鍋中。倒入準備好的水、酒拌勻，放上明太子，蓋上鍋蓋打開中火。待煮沸後轉成小火續煮10～13分鐘，關火燜10～15分鐘。
3. 把明太子搗碎和米飯攪拌均勻。攪拌完成後盛裝至器皿，撒上芝麻即可。

扇貝蕈菇蒸飯

因為罐頭湯汁本身就充滿了鮮味，所以添加少許調味。讓人打從心底覺得放鬆的味道。

材料（4人份）

白米…2杯（360ml）
炸豆皮…1片
鴻喜菇…1包
香菇…3朵
即食扇貝罐頭…1罐（85g）
水…1.5杯
A 醬油…2大匙
　酒…1大匙

作法

1. 白米洗淨後入鍋，倒進足夠的水浸泡20分鐘。接著用濾網把水濾乾。
2. 炸豆皮迅速汆燙去除多餘油脂。接著擠乾水分，縱切一半後重疊切絲。鴻喜菇分成數塊。香菇切薄片。
3. 將步驟1倒回鍋內，倒入扇貝罐頭湯汁、調味料A、1.5杯水，拌勻後放上扇貝、炸豆皮和菇類。
4. 蓋上鍋蓋打開中火，待煮沸後轉成小火續煮10～13分鐘，關火燜10～15分鐘。切拌均勻後盛裝至器皿後完成。

台灣香腸蒸飯

台灣香腸具有獨特的甘甜和風味，是會讓人上癮的味道。

材料（4人份）

白米…2杯（360ml）
台灣香腸…3根
薑（切末）…1小塊
水…2杯
香菜（切段）…適量

作法

1. 白米洗淨後入鍋，倒進足夠的水浸泡約20分鐘。
2. 接著用濾網把水瀝乾，倒回鍋內。將2杯水、薑加進鍋裡整體拌勻，放進香腸。蓋上鍋蓋打開中火，待煮沸後轉成小火續煮10～13分鐘，關火燜10～15分鐘。
3. 取出香腸切片後再放回鍋裡。充分攪拌後盛裝至器皿，放入香菜後完成。

攪拌均勻就好吃

起司火腿拌飯

好吃的關鍵，就是在熱騰騰的白飯放上食材後攪拌。

材料（4人份）

白飯…2杯（360ml）
火腿…3片
乳酪…30g
洋香菜…適量
奶油…1大匙
鹽、胡椒…各適量

作法

1 乳酪、火腿切5mm小丁。洋香菜切末。

2 盛上剛煮好的白飯，加入乳酪、火腿、洋香菜及奶油，撒上鹽、胡椒後攪拌。

使用道具
鑄鐵圓鍋 18cm
瓷器韓式飯碗

香煎午餐肉拌飯

搭配細絲海苔，為金黃色的午餐肉增添風味。

材料（4人份）

白飯…2杯（360ml）
午餐肉…1／2罐（100g）
粗粒黑胡椒…適量
海苔（細絲）…適量

作法

1 午餐肉切1cm小丁。在平底鍋倒進沙拉油（可省略），均勻分布鍋底後並熱鍋，放入午餐肉煎至金黃色。

2 在瓷碗裡盛上剛煮好的鑄鐵鍋飯，加進步驟1、胡椒攪拌，盛裝至器皿，撒上海苔絲後完成。

大麥仁蒸飯沙拉

是沙拉、也是主食。把米飯變身成食材的一道沙拉和生菜非常對味。

材料（4人份）

白米…1.5杯（370ml）
大麥仁…0.5杯（90ml）
水…2杯
鮪魚罐頭…1罐（80g）
日式美乃滋…1大匙
鹽、胡椒…各適量
紅蘿蔔…4cm
毛豆…適量
萵苣…適量
番茄…1／2個

〈調味醬〉
沙拉油、醋…各3大匙
砂糖…1／2大匙
鹽、胡椒…各適量
＊調味醬請事先混合調製。

作法

1 生米和大麥仁一起洗淨後入鍋，倒進足夠的水浸泡約20分鐘。浸泡完成後用濾網把水濾乾，放回鍋內。加入2杯水，蓋上鍋蓋打開中火。待煮沸後轉成小火續煮10～13分鐘，關火燜10～15分鐘。

2 將鮪魚（去除汁夜）、美乃滋、鹽、胡椒放入瓷碗裡攪拌。

3 紅蘿蔔切細絲。毛豆用鹽水煮熟剝殼。萵苣切成適當大小，番茄切成1cm小丁。

4 取1／4的步驟1放入碗中以流動清水沖洗，洗後用濾網把水濾乾，再用廚房紙巾吸水後，以保鮮膜包裹放入冰箱冰鎮（剩餘的飯可以用保鮮膜包裹後放冷凍保存）。

5 步驟2、3、4倒入瓷碗，加進適量調味醬切拌均勻。接著盛裝至器皿，依照喜好撒上粗粒黑胡椒（可省略）後完成。

香菇豆腐蒸肉蓋飯

蒸豆腐的營養價值很高，是我家餐桌常常出現的一道家常菜。加入蠔油和榨菜為這道菜營造出濃濃的中式風味。非常下飯。雖然舉止看起來會有點粗魯，不過請務必和白飯充分攪拌然後品嘗看看。

材料（4人份）

白飯…4碗
嫩豆腐…1／2塊
豬絞肉…100g
榨菜…20g
香菇…2朵
大蔥…1／2根
雞蛋…1顆
蠔油…1／2大匙
鹽、胡椒…各適量
蔥（切片）、麻油…各適量

使用道具

鑄鐵圓鍋 22cm
鑄鐵圓鍋 20cm
不鏽鋼蒸架 22cm
瓷器深圓盤 20cm

作法

1. 用廚房紙巾包住豆腐後，在上方壓重物去除多餘水分。榨菜、香菇稍微切末。大蔥切末。
2. 把步驟1、豬絞肉、雞蛋、蠔油、鹽、胡椒一起放入瓷碗攪拌均勻。
3. 把步驟2鋪平在耐熱容器，放進蒸籠。等鍋中的水煮開，蒸籠架上鍋子，並蓋上鍋蓋以中火蒸12分鐘，直到絞肉熟透。
4. 煮好後撒上蔥，淋上麻油，再鋪到白飯上享用。

豆腐經過蒸煮會釋放出水分，因此使用比較深的器皿比較好。好好鋪平時才可以讓受熱均勻，容易蒸熟。

用LE CREUSET煮一桌幸福佳餚。

野口真紀女士

白米飯是我家的活力泉源，而且我每天都用鑄鐵圓鍋煮飯。晚上煮好的飯移到木製飯桶裡保存的話，放到隔天早上也還是一樣好吃。另外，還有一個最讓人著迷的地方，就是米飯冷卻後出現的特殊風味。在做炊飯的時候，也可以感受到LE CREUSET使用起來很順手。

我常常做只要一碗就可以攝取到豐富營養的蒸飯，此時即使隨意放進大量的食材，也絕對不會料理失敗。白米飯就不用特別強調了，因為鍋具會幫助食材釋放出鮮美與甘甜，讓我最近迷上了試作各種只需要使用到最少量的調味料，就能挖掘出材料本身味道的簡樸食譜。如果用電子鍋製作蒸飯，必須把各種器具拆開清洗，十分麻煩。但是用LE CREUSET的話，保養方法就簡單多了。即使隔天煮白飯也不會聞到殘留的氣味。

經常用來煮飯的白色鑄鐵圓鍋。煮白飯的時候可以讓白飯看起來更有光澤，蒸飯的時候可以讓成品顯得色彩繽紛，看起來十分可口。烤盤在處理需要事先燒烤在入鍋炊煮的食材時非常方便。

日式湯品

享用飯食的時候最想搭配的，還是由美味湯底煮成的日式湯品。不管是味噌湯或是由各種食材燉煮的清淡湯品也好，每道都很美味！

馬鈴薯海帶芽味噌湯

選擇直接可食用的小魚乾，就能省掉清除的功夫了。

材料（4人份）

馬鈴薯…2個　洋蔥…1／2個　乾海帶芽…1大匙
小魚乾（可直接食用）…3～4大匙
味噌…3～4大匙　水…4杯

作法

1. 馬鈴薯對半切，切成5mm的丁。洋蔥切成5mm厚的橘瓣型。
2. 將馬鈴薯、洋蔥、海帶芽、小魚乾和4杯水倒入鍋內，開中火。煮沸後撈去浮渣，蓋上鍋蓋用小火煮10分鐘。
3. 在湯中攪散味噌即完成。

蛋花湯

蛋液要打均勻，接著沿著筷子繞圈倒入鍋中，就能做出鬆軟的蛋花。

材料（4人份）

高湯…2杯　蛋液…1顆份
A〔鹽…1／2小匙　薄鹽醬油…少許〕

作法

1. 高湯倒入鍋中，開中火加熱。待煮沸後加入調味料A，並把蛋液均勻地倒入高湯。

豬肉味噌湯

蒸煮蔬菜是湯品美味的秘訣，充分釋放食材的鮮甜。

材料（3～4人份）

豬五花薄片…250g　洋蔥…1／2個
白蘿蔔…5cm　紅蘿蔔…小的1根　牛蒡…1根
芋頭…3個　蒟蒻…小的1片　高湯…4杯
味噌…3大匙　麻油…2大匙　薑泥…適量

作法

1. 洋蔥切成1cm厚的橘瓣型，白蘿蔔剖半對切成扇形，紅蘿蔔切半圓形。牛蒡削成薄片稍微沖水。芋頭切成不規則適口大小。蒟蒻淋上熱水，撕成容易食用的小塊。豬肉切3cm寬大小。
2. 倒麻油入鍋開中火燒熱後炒豬肉。等肉色改變後，加進蔬菜和蒟蒻拌炒。食材都沾附油脂以後蓋上鍋蓋，轉成小火，蒸煮約15分鐘（等蔬菜滲出水分）。
3. 倒入高湯續煮約20分鐘，在湯中攪散味噌。接著盛裝至器皿，加入薑泥或依照喜好加大蔥片、柚子皮細絲也可以。

第3章

為特殊日子準備的獎勵飯

本章介紹能讓您在家裡做出「只能在餐廳才吃到」的米飯料理。為了滿足大家的期待，「LIKE LIKE KITCHEN」的小堀紀代美女士將傳授作法。不管是款待賓客的餐點或慰勞自己的珍藏食譜，只要交給LE CREUSET，就能輕鬆煮出令人驚豔的美味。

LE CREUSET

牛蒡香料飯佐謎樣嫩雞

因為每位嚐過香辣酸甜醬汁的人都會說「猜不出裡面到底加了什麼！」，我決定把它命名為「謎樣嫩雞」。美乃滋是醞釀出神秘味道的主角，用來搭配鮮嫩多汁的火烤雞肉。另一位主角是不讓雞肉專美於前，有著醇厚香氣的牛蒡香料飯。

牛蒡香料飯

材料（5～6人份）

米…3杯（600ml）
牛蒡（粗）…1／3根
洋蔥…1／2顆
培根…6片
鹽…1小匙
熱水…3杯
奶油…45g

使用道具
鑄鐵圓鍋 20cm
瓷器圓盤 19cm

由於鍋具和水之間若存在溫差會使米粒出現黏性，所以只要加入熱水，就可以輕鬆煮出粒粒分明的米飯。

作法

1 將牛蒡切2～3mm圓片後再切成扇形，放入水中浸泡。洋蔥切末，培根切絲。

2 將15g奶油和培根入鍋，開小火逼出油脂後，轉成較強的中火，再加入15g奶油、洋蔥及少許鹽（可省略），翻炒至黃褐色。

3 放入瀝乾的牛蒡，迅速拌炒。再把剩餘的奶油、免洗米入鍋翻炒到滋滋作響時，加入熱水和鹽攪拌。如果覺得味道不夠，可以另外加鹽調味。

4 蓋上鍋蓋待水蒸氣冒出後，以小火烹煮10～13分鐘，再關火燜10～15分鐘，充分攪拌後盛裝至器皿。

謎樣嫩雞

材料（5～6人份）

去皮雞腿肉…3片（450g）
〈醬汁〉（方便製作的分量）
日式美乃滋、酸奶油
…各200g
芒果甜酸醬
（Mango Chutney）…80g
咖哩粉…30＊
檸檬汁…20ml
洋香菜（切末）…適量
粗粒黑胡椒…適量

＊若將30g咖哩粉中的2小匙改為豆蔻，1小匙改為丁香的話，味道會更道地喔！

使用道具
鑄鐵單柄圓形煎盤

這個醬汁和各種食材都非常對味，也可以運用在燒烤、拌炒的肉、魚、蔬菜等美食烹調。放入密封容器及冷藏室可以保存一週。

作法

1 切除雞肉的筋和脂肪，以廚房紙巾擦拭表層水分，再將每一片分成3～4等分。接著把醬汁的材料放至碗裡混合均勻。

2 在煎盤塗上一層薄薄的沙拉油（可省略），將雞肉分散排列在鍋內。撒上少許鹽（可省略），把醬汁倒入鍋中，直到完全蓋住雞肉。

3 放入預熱180度的烤箱烤15～20分鐘，並以刀尖等工具戳戳看，等透明肉汁流出來後撒上洋香菜、粗粒黑胡椒，和香料飯一起盛盤上桌。

開胃燒烤高麗菜卷

以高麗菜葉包裹住肉餡，再用烤箱烘烤的高麗菜卷。
把從切口流出的肉汁和白飯充分的攪拌是最棒的享用方法！
和LE CREUSET細心煮出來的米飯一起上桌更顯講究。

材料（6人份）

白飯…6碗
混合絞肉…500g
高麗菜…1顆
洋蔥…1顆
大蒜…1小瓣
鹽…1小匙
粗粒黑胡椒…1小匙
肉豆蔻…1／2小匙
乾燥奧勒岡葉…1／2小匙
A ─ 迷迭香葉…2支
　 ─ 百里香…1支
　 ─ 鼠尾草葉（可省略）…10片
帕瑪森起司…5大匙
奶油…20g

使用道具
鑄鐵圓鍋 22cm
淺底鐵鍋
長型瓷盤

作法

1 洋蔥、大蒜分別切末，香料A一起切碎。奶油、大蒜放進平底鍋開小火，待大蒜上色後加入洋蔥，當洋蔥變成黃褐色後盛起冷卻。

2 煮沸大鍋裡的水，高麗菜整顆入水汆燙後瀝乾。用菜刀切進高麗菜芯，剝下菜葉。再以冰水冰鎮、撈起，以廚房紙巾擦乾。

3 把絞肉、肉豆蔻、奧勒岡葉及香料A一起放進步驟1的碗裡，用橡皮刮刀迅速攪拌。接著加入鹽、黑胡椒用手充分混合均勻，分成6份做成圓形肉餡。

4 從步驟2挑出大、中、小高麗菜葉（準備5組）開始捲肉餡（請見下方）。

5 在鍋中塗上薄薄一層油（可省略），高麗菜卷完成後排列在鍋底。均勻撒上起司粉，然後放進已預熱到200度的烤箱，烘烤20～25分鐘，直到呈現黃褐色。接著放上小塊的奶油（可省略），再放回烤箱使奶油融化。最後盛盤，添上白飯即可。

高麗菜卷作法

1
先將菜梗切除，可讓高麗菜葉更容易捲入肉餡。

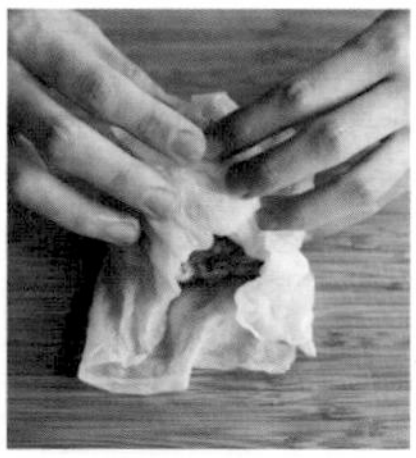
2
小型菜葉有菜梗那一面放在前方，接著在前方放入肉餡，一邊將左右菜葉往中間折，一邊往前捲動。

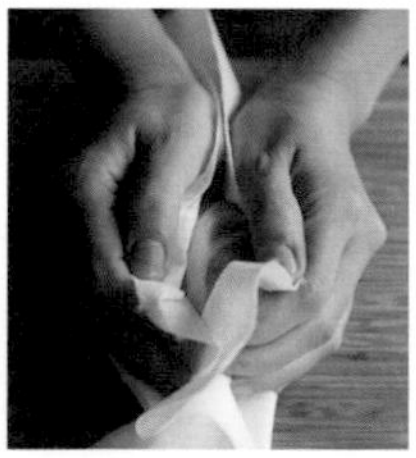
3
用廚房紙巾包住菜捲，再用手施壓塑型成圓形。

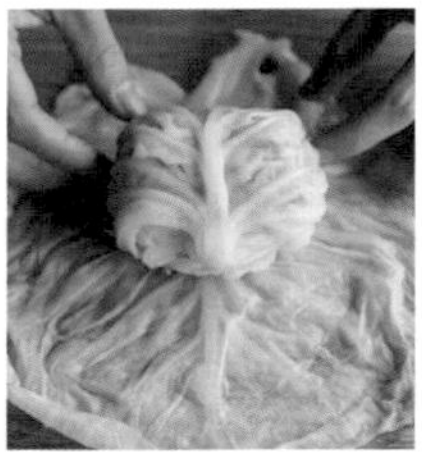
4
中型菜葉同步驟2攤平，放上小型菜捲後用相同的方法捲包。

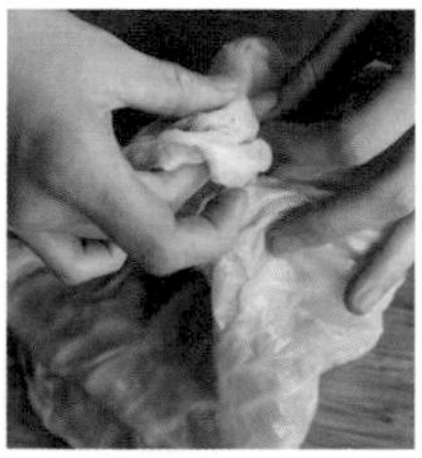
5
在大型的葉子上抓縐褶，包成圓形。其餘4個也用相同方法製作。

FRANCE

印度香料飯

印度咖哩香料飯是運用了大量辛香料、堅果、葡萄乾的異國滋味。炊蒸以優格醃漬的雞肉和泰國米。如果沒辦法收集到所有的辛香料，只要準備咖哩粉、肉桂棒、月桂葉、紅椒粉也可以製作。

材料（4人份）

泰國米…2杯多一點（380ml）
去皮雞腿肉…1片（150g）
洋蔥（切末）…1／6顆
葡萄乾…20g
腰果…20g
鹽…1小匙
水…1.5杯

A
- 月桂葉…1片
- 肉桂棒…1根
- 辣椒（去籽）…1根

B
- 小豆蔻（可省略）…8粒
- 咖哩粉…1小匙
- 孜然籽…1／2小匙

橄欖油…1.5大匙
奶油…15g
香菜（切段）…適量

使用道具
鑄鐵圓鍋 22cm
楓木飯杓

〈醃料醬汁〉
無糖優格…2大匙
洋蔥泥、檸檬汁…各1小匙
薑泥、蒜泥…各少許
葛拉姆馬薩拉＊1（可省略）…1小匙
紅椒粉＊2…1／2小匙
鹽…1／3小匙（稍多）

＊1葛拉姆馬薩拉（garam masala）為依照一定比例調製成的印度傳統綜合辛香料粉末，味道辛辣但不似辣椒強烈。配方、比例隨著地域和家庭各異，有不一樣的風味。

＊2紅椒粉（Paprika），由燈籠椒或甜椒研磨而成。多為西式菜餚增香或增色所用，味道從辛辣強烈到溫和香甜各有不同。

作法

1 去除雞肉的脂肪和筋以後，用廚房紙巾吸乾水分。接著切成一口大小，加入醃料醬汁醃漬30分鐘～一個晚上（醃漬時間短的話需事先抹鹽）。

2 橄欖油和材料A入鍋以小火加熱，待出現香味後轉為中火，加進葡萄乾和腰果拌炒。

3 將奶油入鍋，並依序加入洋蔥、雞肉翻炒。待肉色變白後轉小火並加入材料B，拌炒同時需注意不要讓食材燒焦。

4 泰國米不需清洗，直接入鍋拌炒，待油脂分布均勻後再加入鹽和準備好的水，從鍋底翻拌均勻，蓋上鍋蓋開中火炊煮。煮沸後轉小火繼續煮10～13分鐘，之後關火燜10～15分鐘。加入香菜後切拌均勻即可。

雖然也可以只用鹽和優格製作醃料醬汁，但是加入洋蔥泥和檸檬汁會讓肉變得更軟嫩，添加大蒜、生薑、辛香料讓食材的香味更加豐富。

泰國米擁有獨特的香氣，外觀呈細長形。不用經過浸泡的步驟就可以炊煮，煮熟後不軟黏，很適合做香料飯。

香濃法式燉蔬菜

豬肉經過仔細地油煎上色與慢燉，和蔬菜的鮮美融合的香濃滋味在舌尖留下了餘韻。
簡單攪拌就可以完成的紅蘿蔔飯為餐點增添一抹色彩。

材料（2～3人份）

梅花豬肉塊…600g
鹽…1.5小匙
洋蔥…小型2～3個
馬鈴薯（＊五月皇后）…小型2～3個
紅蘿蔔…小型1～2根
黑胡椒粒…適量
丁香…2～4根
月桂葉…2片
百里香…2枝
橄欖油…少許

〈紅蘿蔔飯〉

米飯…2～3份
紅蘿蔔（磨泥）…1／4根
奶油…15g

＊如果是選用「五月皇后」這個品種的馬鈴薯，可以和肉一起入鍋燉煮也不會煮爛。口感香黏，十分美味。

作法

1. 豬肉切成適口大小，在表面及細縫仔細的抹鹽醃漬。接著用保鮮膜封緊後放入冷藏30分鐘～1個小時。如果肉塊出水，就使用廚房紙巾吸拭乾淨。然後在每顆洋蔥插1～2根丁香，紅蘿蔔直切成兩半。
2. 橄欖油入鍋開中火，放入豬肉，確保每一面都經過油煎上色。多餘的油脂用廚房紙巾擦除。
3. 加入洋蔥、紅蘿蔔、蓋過食材的水、月桂葉、百里香。一邊撈起浮沫及油脂，一邊用稍弱的中火燜燒直到肉變得柔軟，約1小時30分鐘。如果豬肉在燒煮時露出水面，記得加少量的水補足。
4. 接著加入馬鈴薯繼續燉煮1個小時，起鍋前若覺得味道太淡，可以加少許鹽（可省略）調味。
5. 把紅蘿蔔飯需要的材料倒進瓷碗內攪拌均勻，再以另外的容器盛裝，和馬鈴薯一起享用。

使用道具

鑄鐵橢圓鍋 27cm
鑄鐵圓鍋 20cm
瓷器韓式飯碗
橢圓瓷碗 23cm

民族風米飯沙拉

就像在寮國餐廳吃到的，充滿濃濃檸檬味的米飯沙拉。炊煮糯米時的水量少一些製作出的「鍋巴」和檸檬汁非常對味。口感像是粔敉*一般，十分新鮮。吃的時候別忘了多加一點香草和生菜唷！

材料（2～3人份）

糯米…1杯（200ml）
水…160ml
薩拉米香腸*…50g
A ┌ 檸檬汁…1小匙
　└ 辣椒粉…少許
紫洋蔥…適量
紅捲鬚生菜、香草（青紫蘇、香菜、薄荷等）…各適量

〈醬汁〉
魚露、檸檬汁…各1又1／3匙

*粔敉是中國古代冬寒時的一種食品，相傳於唐朝時期傳至日本。將米穀等加工後和糖混合、凝固後的點心。

*薩拉米香腸（Salami）：使用豐富香料及粗絞肉、明顯的油脂製成，經過煙燻、風乾創造特殊的風味。

作法

1 糯米清洗後不需浸泡，用濾網瀝乾。糯米和準備好的水裝進大一點的鍋子，蓋上鍋蓋以稍弱的中火煮10～12分鐘，煮好後用較強的中火續煮約20秒烤出鍋巴，接著關火燜10分鐘。

2 香腸切絲後裝進大碗，和材料A拌勻。洋蔥縱切薄片。醬汁的材料調勻後備用。

3 將糯米、洋蔥、醬汁加進步驟2的大碗，一邊攪拌一邊搗碎鍋巴。攪拌完成後盛盤。以紅捲鬚生菜包捲適量米飯，以及喜愛的香草享用。

使用道具
鑄鐵圓鍋 18cm
瓷器深圓盤 20cm

＊如果像平常一樣煮一杯米，只要用16cm的鑄鐵圓鍋即可。但是這道菜要製作大量的「鍋巴」，所以建議使用鍋底面積較大的18cm鑄鐵鍋。

義式燉飯二重奏

要做出彈牙美味的燉飯，首先就是要仔細的拌炒白米直到發出滋滋的聲音。接著立刻倒進熱騰騰的高湯，並記得不要翻攪燉煮中的白米就能避免出現黏性，就能做出如在餐廳裡品嚐到的爽口燉飯。

藍紋乳酪佐蘋果燉飯

材料（2～3人份）

白米…1杯（180ml）
蘋果…1／2顆
洋蔥…1／2顆
白葡萄酒…1又1／3大匙
蔬菜高湯＊…3杯
戈爾根佐拉起士（Gorgonzola）…50g
奶油…30g
帕瑪森起士…35g
粗粒黑胡椒…少許
橄欖油…1大匙

使用道具
鑄鐵燉飯鍋 24cm
瓷器小烤盅

作法

1. 切數片裝飾用扇形蘋果片，浸泡鹽水。剩餘的磨泥。洋蔥切碎備用。
2. 橄欖油入鍋開中火加溫，倒入洋蔥和少許鹽（可省略）拌炒。洋蔥變得透明後直接加入白米（不需清洗），持續翻炒直到鍋裡發出「滋滋」聲。蔬菜高湯在另一只小鍋裡煮沸備用。
3. 在步驟2的鍋裡倒入1／3量的蔬菜高湯、白葡萄酒以稍弱的中火熬煮。當水分開始蒸發，發出咕嚕咕嚕的聲響，加入1／3蔬菜高湯續煮。等水量再次減少，加入剩下的蔬菜高湯、蘋果、戈爾根佐拉起士切拌均勻，煮到米芯還稍微留有一點硬度。
4. 加進奶油和帕瑪森起士拌勻，撒上鹽（可省略）調味後繼續將空氣攪拌進去，直到出現鬆軟的感覺。完成後盛盤，撒上黑胡椒，擺上蘋果片即可。

羅勒燉飯

材料（2～3人份）

白米…1杯（180ml）
洋蔥…1／2顆
白酒…1又1／3大匙
蔬菜高湯＊…3杯
青醬（市售產品）…3大匙
奶油…30g
帕瑪森起士…35g
橄欖油…1大匙

使用道具
鑄鐵燉飯鍋 24cm
楓木飯杓

作法

1. 洋蔥切碎末備用。
2. 橄欖油入鍋開中火加溫，倒入洋蔥和少許鹽（可省略）拌炒。洋蔥變透明後直接加入生米，持續翻炒直到鍋裡滋滋作響。蔬菜高湯在另一只小鍋裡煮沸備用。
3. 在步驟2的鍋裡倒入1／3蔬菜高湯、白葡萄酒以稍弱的中火熬煮。當水分開始蒸發，發出咕嚕咕嚕的聲響，加入1／3蔬菜高湯繼續燉煮。等水量再次減少，加入剩下的蔬菜高湯，煮到米芯還稍微留有一點硬度。
4. 加入青醬、奶油、起士混合，撒上鹽（可省略）調味後繼續將空氣攪拌進去，直到出現鬆軟的感覺。

蔬菜高湯的作法

（完成容量約900ml）

1. 在鍋內放入1～2片洋蔥皮、適量西芹菜葉和莖、紅蘿蔔皮、1L水，浸泡10分鐘。
2. 加入鹽1／2小匙，蓋上鍋蓋以中火燒煮。煮沸後轉成小火煮約20分鐘，使用濾網過濾出高湯。使用時要煮沸，加入菜餚時要保持熱度。

＊剩餘的高湯可以等冷卻後冷凍保存。

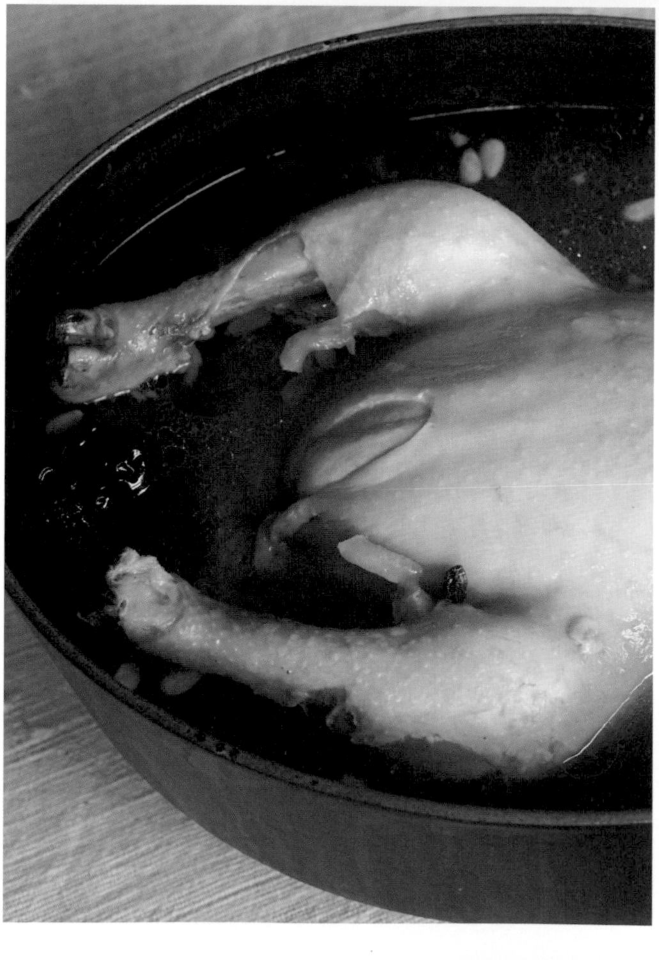

家常參雞湯

因為擁有很好的美容效果而廣受女性喜愛的參雞湯。
只需依靠鍋子和時間就能完成的美味菜餚，一點都不費工。
吸收了雞肉鮮美的糯米，好吃的程度能夠打動人心。
除了一定要加入的牛蒡和紅棗之外，也可以試著添加蒐集到的食材，創造不一樣的味道。

材料（4～5人份）

糯米…2／3杯（140ml）
全雞（清除內臟）…小型1隻
牛蒡…15cm
大蒜…3小瓣
薑（切厚片）…3小塊
B
乾紅棗…2顆
枸杞…10顆
松子…10顆
蔥綠…1根
鹽、胡椒、麻油…適量

作法

1. 仔細清洗雞的內部，再用廚房紙巾吸乾水分。接著把沖洗好的糯米、牛蒡對切、1小瓣大蒜、1小塊薑、鹽（可省略）塞進雞肚子，把上方的皮往下拉並重疊，然後取牙籤固定。
2. 鍋內放入雞、材料B、剩餘的大蒜及薑，加水蓋過食材。打開稍弱的中火蓋上鍋蓋（但是錯開留一點縫隙），煨煮3～4小時直到雞肉變軟。在燉煮期間不時要撈起浮沫，並確保湯汁蓋過食材，隨時加少量水補足。
3. 撕開雞肉，和內餡及雞湯一起盛盤。品嚐前可搭配鹽、胡椒、麻油調味。

使用道具
鑄鐵橢圓鍋 27cm
瓷器韓式飯碗

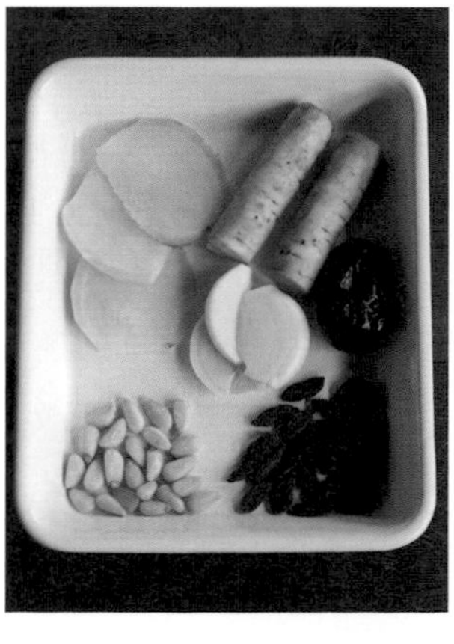

由於使用許多中藥材，讓參雞湯被人們當作「藥膳」食用。原來應該在湯裡放韓國人蔘，但是因為不易取得，所以改用牛蒡營造出香氣。

西式散壽司

又稱作「不用捲的酪梨壽司」。用紅葡萄酒醋做壽司醋，讓壽司飯也染上了西洋風潮。滑順優格醬汁和鮭魚組合，搭配出讓人難以忘懷的極致美味。只要在壽司飯上擺放生魚片和食材就是一道宴客佳餚。

材料（4～5人份）

米飯…2杯（360ml）

〈散壽司用醋〉

- 紅葡萄酒醋…50ml
- 砂糖…2大匙多一點
- 鹽…2小匙

鮭魚（生魚片）…15片

酪梨…1顆（大）

奶油乳酪…適量

醃漬飛魚卵…適量

蘿蔔嬰…適量

熟白芝麻…適量

〈優格醬汁〉

無糖優格…1大匙

日式美乃滋…2小匙

醬油…1／2小匙

作法

1. 酪梨削皮後切5mm厚片，淋上少許檸檬汁（可省略）。在碗裡混合優格醬汁的材料。
2. 參考P33的「壽司飯」作法，但是拌和醋是使用「散壽司用醋」。
3. 將壽司飯盛盤，交互放上鮭魚生魚片及酪梨片，淋上優格醬汁。撒上撕成小塊的奶油乳酪、醃漬飛魚卵、芝麻，最後放上切除根部的蘿蔔嬰即可。

使用道具

鑄鐵圓鍋 20cm

海南雞飯

這是一道讓雞肉和白米一起炊煮，東南亞最具代表性的菜餚。LE CREUSET讓蒸氣循環更有效率，被炊蒸的雞肉更飽滿多汁。

材料（4～5人份）

白米…2杯（360ml）
雞腿肉…大型1片（300g）
A ─ 鹽…1／2小匙
　─ 酒…1.5大匙
日本大蔥…1／2根
薑…1小塊
大蒜…1小瓣
水…2杯
橄欖油…1.5大匙
香菜…適量
檸檬…適量

〈醬汁〉
魚露、萊姆汁（或檸檬汁）
　…各1大匙
砂糖…1／2大匙
韓國辣椒粉…1小撮

使用道具
鑄鐵燉飯鍋 24cm
瓷器小烤盅

作法

1. 以醃料A抓拌雞肉。日本大蔥、薑、大蒜切末。香菜切段，檸檬切成半月形後斜切一半。醬汁材料拌勻備用。
2. 白米清洗後放進鍋裡，加入足夠的水浸泡20分鐘，之後用濾網把水瀝乾。
3. 橄欖油、大蒜、薑、大蒜入鍋開小火，一邊拌炒一邊注意不要燒焦。待出現香氣後轉成中火並放入步驟2，翻炒到出現滋滋聲。然後倒入準備好的水、雞肉一起煮，煮沸後蓋上鍋蓋轉成微火煮15分鐘。接著關火後燜10分鐘。
4. 取出雞肉切成適口大小後放回鍋裡，擺放香菜、檸檬角。盛盤，淋上醬汁後享用。

鹹豬肉粥

鹹豬肉在清淡裡增添一份滿足感。
拌上麻油以後再加進大量的水熬煮，
只要一杯米就可以製作出一整鍋細滑濃稠的粥品。

材料（3～4人份）

白米…1杯（200ml）
麻油…1大匙
鹹豬肉＊…150g
蝦仁乾…10個
干貝乾…2個
水…2L
皮蛋（切半月形）、榨菜（切碎）、香菜（切碎）、日本大蔥（切碎）、麻油…各準備適量

作法

1. 白米清洗後不需浸泡，用濾網把水瀝乾。將米入鍋，淋上麻油拌勻。鹹豬肉切4等分備用。
2. 鍋裡放入準備好的水、鹹豬肉、蝦仁乾、干貝乾，蓋上鍋蓋開中火炊煮。煮沸後開縫隙轉成小火，不時徹底翻攪熬煮直到米變得黏稠，約需1個小時。
3. 取出豬肉撕成容易食用狀態後倒回鍋裡。盛盤，依照喜好擺上皮蛋、榨菜、香菜、日本大蔥，淋上麻油後完成。

〈鹹豬肉的作法〉
豬五花肉塊抹1／2小匙鹽後用保鮮膜緊緊包住，冷藏一晚即可（6～7小時）。

使用道具
鑄鐵圓鍋 22cm

把鹹豬肉、蝦仁乾和干貝一起慢熬細煮。醃漬入味的肉塊和海鮮的鮮味將會充滿整個高湯，讓人品嚐到難忘的極致美味。

用LE CREUSET煮出米飯的真滋味。

小堀紀代美女士

鑄鐵橢圓鍋是10年前在澳洲購買的。因為我很喜歡水藍色，所以沒有半點猶豫就買下它。前方的是在日本購買的藍色鑄鐵鍋。需要炊煮大量米飯時也拿出來使用。

我自己比較喜歡吃有嚼勁、爽口的米飯。因為這樣，對「洗米」也有一定的堅持。大概會花上10分鐘，仔細的洗到水變得透明為止。

LE CREUSET才能完美呈現經過用心清洗的「輕爽風味」。由於鍋具內層為琺瑯材質，鍋內側不會吸收水分，也不會吸附上食物的氣味，保有美味米飯和水的滋味。

炊煮後蓋上鍋蓋，就能讓米飯保有水分並保持溫熱也是值得讚賞的優點。

除了在家，在店裡的米飯我也都用LE CREUSET炊蒸。因為我覺得在餐廳享受精緻佳餚的時候，搭配的不是麵包，也不是乾乾的飯粒，而是用鑄鐵鍋炊煮出來的米飯，是一件非常美妙的事。

LE CREUSET鑄鐵鍋使用及保養攻略

為大家介紹能煮出米飯驚艷美味的LE CREUSET琺瑯鑄鐵鍋。各種造型都能輕鬆煮出好吃的米飯，請依照菜餚的需求選擇適合的鍋具。只需要詳記鍋具的保養技巧，接下來的每一天都能享受美味的鑄鐵鍋飯。

鑄鐵圓鍋
（Fruit Green）

圓形是最適合用來炊煮米飯的形狀。它的對流平均、容易循環，讓白米受熱均勻提升使用效率。

鑄鐵橢圓鍋
（Matt Black）

非常適合用在炊蒸魚等細長食材。長度為27cm大容量，也適合在人數多的宴客時刻使用

鑄鐵燉飯鍋（White）

鍋深較淺，拌炒時不費力。適合用來做燉飯或香料飯等翻炒步驟為主的米飯餐點。

鑄鐵鍋保養祕訣

○對緊緊黏在鍋子上的米飯，應該先用水浸泡，再用柔軟的海綿清潔。如果還是難以清除，可以在鍋裡放入2〜3小匙的小蘇打，蓋上鍋蓋開中火加熱，等待10分鐘後關火，掀蓋並放置10分鐘後用中性洗碗精和洗碗海綿清洗。如果沒有辦法一次清除乾淨，請再重複幾次。但是硬毛清潔刷、漂白劑、粉狀清潔劑、科技海綿等會傷害琺瑯表面，請避免使用。

鑄鐵愛心鍋
（Cherry Red）

讓人喜愛的愛心造型讓日常的米飯餐點不只美味更增添了一抹甜美。是作為結婚或慶賀孩子出生時，非常受到歡迎的一款產品。

鑄鐵淺底鍋（Orange）

多樣用途，適合做義大利燉飯、西班牙海鮮燉飯等美食佳餚。或用來當作大型器皿盛盤也有為餐桌增色的效果。也可以用來煮魚、壽喜燒等日式菜餚。

鑄鐵單柄醬汁鍋
（Cherry Red）

在法國也擁有超強人氣的單柄鍋。在想要煮一點便餐或加熱食材時都非常方便。也很適合用來煮分量比較小的粥品。

○使用洗碗機或乾燥機的時候，為了避免和其他餐具碰撞造成傷害，請單獨清洗。含漂白劑的洗碗精會使鐵生鏽以及讓珐瑯失去光澤，請特別注意。

○即使珐瑯剝落，還是可以繼續煮飯及燉煮食物。只要在失去珐瑯保護的部分塗上植物油就可以遏止生鏽情形繼續蔓延。

○如果還是很擔心的話，可以使用市售的除鏽劑輕輕刷除。急遽的溫度變化是造成珐瑯剝落的原因。所以請避免在高溫鍋具上澆淋冷水。

生活樹　生活系列 025

LE CREUSET 鑄鐵鍋飯料理

拌飯、蓋飯、炒飯、炊飯、蒸飯、壽司 60 道幸福米飯食譜

ル・クルーゼでご飯を炊く　いちばんおいしく炊けるフランスのお鍋

食譜監修　坂田阿希子、野口真紀、小堀紀代美
編　　著　主婦の友社
攝　　影　原ヒデトシ
譯　　者　白璧瑩
總 編 輯　何玉美
主　　編　紀欣怡
責任編輯　謝宥融
封面設計　季曉彤
內文排版　菩薩蠻數位文化有限公司

出版發行　采實文化事業股份有限公司
行銷企畫　陳佩宜・黃于庭・馮羿勳・蔡雨庭
業務發行　張世明・林坤蓉・林踏欣・王貞玉・張惠屏
國際版權　王俐雯・林冠妤
印務採購　曾玉霞
會計行政　王雅蕙・李韶婉
法律顧問　第一國際法律事務所　余淑杏律師
電子信箱　acme@acmebook.com.tw
采實官網　www.acmebook.com.tw
采實臉書　www.facebook.com/acmebook01

I S B N　978-986-5683-87-0
定　　價　350 元
初版一刷　104 年 12 月
劃撥帳號　50148859
劃撥戶名　采實文化事業股份有限公司
10457 台北市中山區南京東路二段 95 號 9 樓
電話：（02）2511-9798　傳真：（02）2571-3298

國家圖書館出版品預行編目資料

LE CREUSET 鑄鐵鍋飯料理：拌飯、蓋飯、炒飯、炊飯、蒸飯、壽司 60 道幸福米飯食譜 / 主婦の友社編著；白璧瑩譯 . -- 初版 . -- 臺北市：采實文化，民 104.12
面；　公分
譯自：ル・クルーゼでご飯を炊く：いちぼんおいしく炊けるフランスのお鍋
ISBN 978-986-5683-87-0(平裝)

1. 飯粥 2. 食譜

427.35　　104026285

Le Creuset de Gohan wo Taku

Originally published in Japan by Shufunotomo Co., Ltd.
Translation rights arranged with Shufunotomo Co., Ltd.
through Future View Technology Ltd.

采實出版集團
ACME PUBLISHING GROUP